INVENTAIRE
S 27,516

S

I0076299

SOIRÉES SCIENTIFIQUES DE LA SORBONNE

CONFÉRENCE DU 22 DÉCEMBRE 1865

ANIMAUX FOSSILES

AUX ENVIRONS D'ATHÈNES

PAR

M. Albert GAUDRY

PARIS

LIBRAIRIE GERMER BAILLIÈRE

RUE DE L'ÉCOLE-DE-MÉDECINE, 17

1866

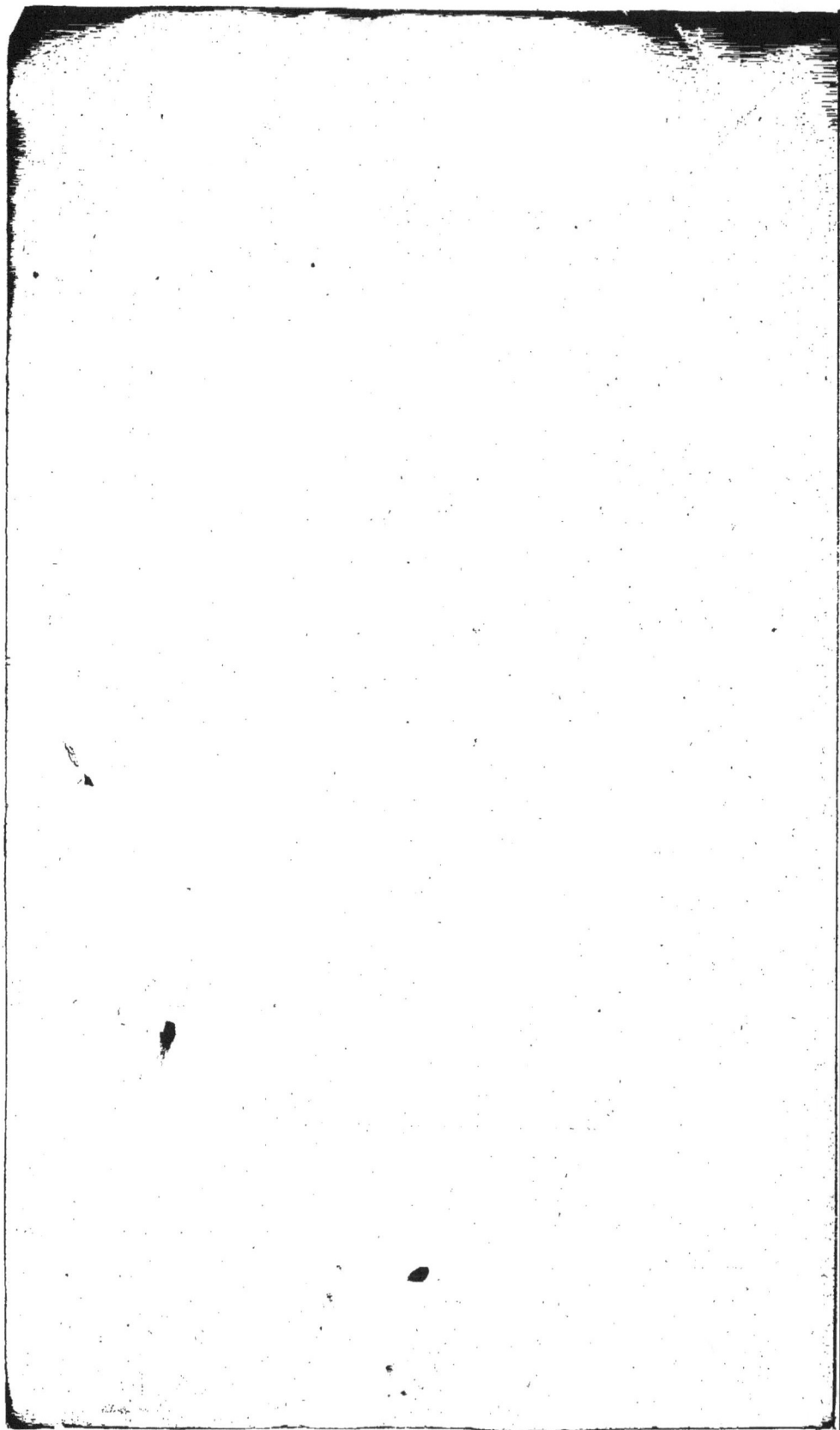

SOIRÉES SCIENTIFIQUES DE LA SORBONNE

CONFÉRENCE DU 22 DÉCEMBRE 1865

ANIMAUX FOSSILES

AUX ENVIRONS D'ATHÈNES

PAR

M. ALBERT GAUDRY

PARIS

LIBRAIRIE GERMER BAILLIÈRE

RUE DE L'ÉCOLE-DE-MÉDECINE, 17

1866

Extrait de la Revue des cours scientifiques

ANIMAUX FOSSILES

AUX ENVIRONS D'ATHÈNES

Messieurs,

Il y a quelques années, la Sorbonne comptait au nombre de ses professeurs un homme qui avait longtemps voyagé dans les pays vierges du Nouveau Monde. C'était Auguste de Saint-Hilaire. Peu de temps avant la maladie qui enleva cet illustre vieillard, je le rencontrai dans les serres du Jardin des Plantes; il considérait les palmiers : « La vue de ces arbres, me dit-il, fait le charme de mes derniers jours; elle me rappelle les plus fortes émotions de ma vie, les contemplations des scènes de la nature sauvage. »

Si imposants que soient aujourd'hui les spectacles de la nature sauvage, notre esprit peut en concevoir de plus majestueux encore : ce sont les tableaux des temps géologiques, alors que la voix de l'homme n'avait pas résonné sur la terre, et que les troupeaux des grands mastodontes erraient en liberté dans les plaines.

Vous savez qu'avant l'apparition de la race humaine, les animaux se sont pendant longtemps partagé la surface de notre globe. Dans ces dernières années, on a beaucoup parlé de l'homme fossile; on a reconnu que nos premiers aïeux ont été contemporains des mammouths et d'autres quadruqèdes d'espèces perdues. Assurément, c'est là une curieuse révélation; cependant, qu'est-ce à dire, l'homme fossile? Ce n'est qu'un nouveau venu sur la terre, comparativement à l'ensemble des êtres géologiques. Avant lui, bien des générations d'animaux ont succédé à d'autres générations d'animaux, bien des générations de plantes ont succédé à d'autres générations de plantes. L'histoire de ces fossiles constitue la science appelée paléontologie.

Cette science est très-récente; elle date seulement du temps de Cuvier, mais elle a promptement séduit les esprits philosophiques de notre époque. Aussi, lorsqu'on vient à découvrir un important gîte de fossiles, c'est, on peut le dire, une bonne nouvelle, non-seulement pour les hommes spéciaux, mais aussi pour tous ceux qui s'intéressent aux progrès des sciences, et, comme vous, messieurs, aiment à les encourager.

Or, on a trouvé à quelques heures de marche d'Athènes, en un lieu jusqu'à présent inconnu, nommé Pikermi, une prodigieuse accumulation d'animaux fossiles. Ce sont les naturalistes allemands Wagner et Roth, qui ont été les premiers à la signaler. L'Académie des sciences a bien voulu me charger d'entreprendre des fouilles à Pikermi sur une grande échelle, et je viens vous soumettre les résultats de mes recherches.

D'abord, disons quelques mots sur l'aspect géologique du pays où l'on rencontre les ossements fossiles. Les marbres donnent aux environs d'Athènes une physionomie particulière. Comme ce sont des roches sèches et dures, lors des dislocations du globe, ils ne se sont pas ployés, ils se sont brisés. Il en est résulté qu'au lieu de former des collines plus ou moins ondulées, ils ont constitué des chaînes qui se dressent comme des murailles, et présentent les silhouettes les plus pures. Ceci vous frappe aussitôt que vous débarquez au Pirée, et que devant vous se développe la plaine d'Athènes : à droite, c'est l'Hymète, montagne toute de marbre ; à gauche, l'Icarus, l'Ægaleus, le Corydalus et plus loin le Parnès ; au fond, le Pentélique, rival de Paros pour la beauté des marbres. Au milieu de la plaine, on voit encore une petite chaîne de marbre, le Lycabète, au pied duquel Athènes se développe. Il envoie dans l'intérieur de la ville des prolongements que les anciens ont utilisés pour asseoir les temples des dieux. En outre, Pausanias rapporte que les simulacres des principales divinités de l'Attique étaient établis sur les montagnes que je viens de nommer. Ainsi, grâce à la disposition du sol, les Grecs pouvaient avoir toujours devant les yeux les images des dieux et des héros ; cette vue dut alimenter leur religieux patriotisme. On s'en rend compte surtout, lorsqu'on se place à l'ancienne tribune aux harangues ; aussi, messieurs, c'est à cette tribune qu'ont été prononcées pour la liberté et la patrie les plus belles paroles qui furent jamais dites, et, encore aujourd'hui, le voyageur n'en gravit pas les degrés sans éprouver quelque tressaillement pour la Grèce de Miltiade et de Périclès.

Au-dessus des marbres, il y a des calcaires et des grès qui ont été formés certainement dans des lacs, attendu qu'on y trouve des coquilles qui aujourd'hui habitent les eaux douces. Sur ces roches, reposent les limons rouges qui renferment les ossements fossiles.

Pour nous rendre à Pikermi, nous nous dirigeons au nord-est d'Athènes ; quand nous sommes à peu près à moitié chemin entre cette ville et Marathon, nous apercevons un torrent bordé de lauriers-roses qui descend du mont Pentélique. Nous le remontons, et bientôt nous apercevons des cahutes où habitent quatre ou

cinq familles de bergers : voilà Pikermi ; c'est là qu'il
faut planter notre tente, installer le campement de nos
ouvriers et de nos soldats. Nos soldats, ah ! sur cette
terre de Grèce que le génie antique avait rendue presque divine, pourquoi faut-il des soldats pour protéger
un humble naturaliste contre les brigands ? Les brigands
de la Grèce ne sont pas d'ailleurs des voleurs vulgaires ;
ils ne vous pillent pas, ils vous emmènent dans la montagne, et ils écrivent à Athènes que si, tel jour, contre tel
rocher, on n'a pas apporté une rançon (qui s'élève quelquefois à plus de 25 000 francs), ils vous couperont les
oreilles ou vous tueront. J'ai été trois fois en Grèce ;
mon second voyage a coïncidé avec l'époque où le bri-
gandage était dans sa plus grande activité ; pourtant,
nous en avons été quittes pour des coups de feu
envoyés hors de portée. Nos plus grands ennemis en réa-
lité ne furent pas les brigands, ce furent les fièvres in-
termittentes. Presque chaque semaine, il fallait rempla-
cer des ouvriers qui avaient été atteints par les fièvres.

La vue de ces pauvres gens qui étaient venus à mon
service contracter des maladies jetait quelque tristesse
sur notre séjour ; nous ne trouvions pas constamment
des richesses ; il y avait des semaines d'insuccès, de
découragement. Mais, quand nous avions fait une belle
découverte, quel bonheur ! Pour la célébrer, je distri-
buais à mes compagnons du vin résiné et du miel de
l'Hymette ; on allait abattre les branches d'un vieux
pin, et l'on faisait rôtir un mouton entier, comme au
temps d'Homère : c'est ce qu'on appelle un mouton à
la Palikare. Autour du foyer petillant, bergers, soldats
et ouvriers se rassemblaient ; et, tandis que les uns dan-
saient, les autres, selon la mode albanaise, chantaient et
marquaient la cadence en frappant dans leurs mains :
nos petites fêtes, je vous assure, ne manquaient pas de
poésie. Non, messieurs, je ne voudrais pas vous dissua-

der d'aller à votre tour dresser vos tentes sur les bords
du ravin de Pikermi : le ciel de la Grèce est si doux, la
brise qui vient de la plaine de Marathon apporte au
voyageur de si nobles souvenirs! puis, dans les débris
du monde géologique, il y a, vous allez le voir, une
étrange majesté qui séduit et grandit l'âme.

I.

Lorsqu'on a fait sauter avec la poudre les roches
qui forment le haut des escarpements, on arrive
à une couche qui, dans certaines places, est absolument
remplie de fossiles. C'est un spectacle étrange. Les mor-
ceaux sont enchevêtrés avec le plus grand désordre.

Il faut commencer par les extraire de la pierre dans
laquelle ils sont enfermés. J'ai rapporté près de cinq mille
ossements ; bien des coups de marteau et de burin ont
été nécessaires pour les dégager. Ensuite, il a fallu les
trier, c'est-à-dire déterminer à quelle espèce chacun
d'eux se rapportait. Pour y parvenir, on s'appuie sur ce
principe que, dans les animaux, tout est si parfaitement
harmonisé que les organes sont dans la dépendance les
uns des autres, et que la constatation des uns permet de
supposer les autres : c'est ce que notre grand Cuvier a
nommé la *loi de corrélation des formes*. L'étude des types
intermédiaires, dont je vous dirai tout à l'heure quelques
mots, prouve que l'exagération de ce principe expose à
de graves erreurs, mais, entendu dans certaines limites,
il restera toujours la base de nos déterminations de paléontologie.

Par exemple, au milieu des os que j'ai recueillis, voici
un crâne qui provient d'un animal inconnu, auquel j'ai
proposé de donner le nom d'*Helladotherium*. Comment

trouver les os des membres qui ont appartenu à cette espèce?

Je constate d'abord que ses dents indiquent un quadrupède destiné à se nourrir d'herbes, et que cet herbivore devait avoir une très-grande taille; par conséquent, je ne pourrai découvrir ses membres que parmi les grosses pièces. Ceci posé, je cherche les os de ses pieds. Je réfléchis que les mangeurs d'herbes n'ont pas besoin d'avoir des pattes aussi adroites à saisir, et par conséquent aussi compliquées que celles des singes et des carnassiers; moins ils ont de doigts, moins ils courent risque de se les fouler, lorsqu'ils courent, lorsqu'ils fuient. Or, voici la patte d'un grand animal qui est très-simple, et, sous ce rapport, me paraît convenir à l'Helladotherium.

Maintenant que je crois avoir trouvé les pieds, je chercherai l'avant-bras. Notre avant-bras est composé de deux os, le cubitus et le radius. Le second tourne sur le premier, et en tournant, il entraîne la main. Mais chez les bêtes qui ne saisissent pas avec les pattes, il n'est pas nécessaire que ces pattes se tournent et se retournent. Par conséquent, il était inutile que l'Helladotherium eût un radius qui tournât sur le cubitus; mieux lui valait un radius bien fixe qui présentât une solide colonne d'appui: en voici un qui me semble répondre à cette condition. Je remarque en outre que ce radius s'articule bien avec la patte que voici, avec l'humérus que voilà; il y a donc lieu de supposer que ces pièces appartiennent à mon Helladotherium.

En continuant à procéder de la sorte, je finirai par reconstruire le squelette entier que vous allez voir. (L'obscurité est faite dans la salle, et l'image du squelette de l'Helladotherium est projetée à l'aide de la lumière électrique sur un écran mobile placé derrière le professeur). Ce quadrupède surpasse en puissance tous les ruminants actuels. Vous distinguez autour des os une partie qui se détache en blanc ; elle indique les contours que l'animal devait avoir de son vivant, mais évidemment elle est beaucoup plus hypothétique que la restauration du squelette.

J'ai trouvé à côté des pièces de l'Helladotherium des os que j'attribue à une girafe. Ils sont presque semblables à ceux de l'espèce vivante ; ils sont grêles, allongés, et les membres de derrière présentent également la particularité d'être plus courts que ceux de devant.

La Grèce a nourri deux espèces de mastodontes. On confond quelquefois le mastodonte avec le mammouth. Le mammouth est un véritable éléphant : c'est l'espèce qui a été contemporaine des hommes antédiluviens, et dont on a découvert un cadavre presque entier enseveli dans les terrains glacés de la Sibérie. Les mastodontes ont fait leur apparition dans le monde plus tôt que les éléphants. Ces deux genres ont une extrême ressemblance, mais leurs dents ne sont pas faites de même : les dents des éléphants sont formées de lamelles juxtaposées ; celles des mastodontes, au contraire, sont composées de gros mamelons. Vous pouvez remarquer sur le dessin de mastodonte placé devant vos yeux, que la mâchoire supérieure porte seule des défenses, ainsi que chez les éléphants ; mais une des espèces de mastodonte qui vivaient en Grèce avait des défenses à la mâchoire inférieure aussi bien qu'à la mâchoire supérieure.

On rencontre à Pikermi les débris d'un quadrupède encore plus imposant que les mastodontes : c'est le Dinotherium. Le crâne d'un Dinotherium fut déterré en 1836 ; on l'apporta à Paris, et il fut exposé rue Neuve-Vivienne. Chacun voulut le voir ; on admirait ses proportions colossales, et l'on se perdait en conjectures sur ses défenses qui se courbent vers le sol, au lieu de se tourner vers le ciel, comme dans les autres animaux. On ne connaissait pas les os de ses membres, par consé-

quent on ne savait à quel ordre le rattacher. De Blain-
ville, Strauss, Buckland, naturalistes éminents, le rangè-
rent parmi les animaux aquatiques. M. Lartet fut presque
seul à prétendre que ce devait être un animal terrestre,
plus voisin des éléphants que de toute autre espèce.
J'ai trouvé des os des membres qui paraissent devoir
être rapportés au Dinotherium; leur examen confirme
les ingénieuses prévisions de M. Lartet. Je mets sous
vos yeux un de ces os: c'est un tibia long d'un mètre.
J'ai cherché à évaluer quelle pouvait être la taille
du Dinotherium, en me basant sur les dimensions des
pièces que j'ai recueillies. D'après mes calculs, il aurait
eu 4 mètres 50 centimètres de hauteur au garrot. Pour
vous donner des termes de comparaison, je dirai que
le Muséum possède plusieurs squelettes d'éléphants de
l'époque actuelle, et que le plus fort de ces squelettes
n'a que 2 mètres 75 centimètres. Le Muséum renferme
aussi un squelette de mastodonte qui a été remonté; il
n'a que 2 mètres 40 centimètres. Ces chiffres prouvent
combien le Dinotherium était gigantesque; c'est le plus
grand des êtres qui ont vécu sur la terre ferme.

Il y avait en Grèce un carnassier redoutable que
l'on a appelé le *Machœrodus*. Ce mot signifie dents
en forme de poignard. Ses canines supérieures simu-
lent effectivement des lames de poignard; elles sont
longues, tranchantes, et, quand on les regarde de
près, on voit sur les bords des dentelures semblables
à celles d'une scie; ce devaient être des armes ter-
ribles.

Je vous citerai encore parmi les bêtes curieuses de Pikermi un très-gros édenté que j'ai proposé d'appeler
Ancylotherium, ce qui veut dire grand animal crochu;
ses doigts étaient disposés de telle sorte qu'ils restassent
toujours crochus.

Les exemples que je viens d'indiquer suffisent pour

montrer que les êtres actuels n'ont pas la même grandeur que ceux des anciens âges; le règne animal n'a plus autant de majesté qu'autrefois. En effet, l'Afrique est aujourd'hui le pays du monde qui renferme les plus puissants animaux; pourtant elle n'a qu'une espèce de girafe, au lieu qu'à Pikermi on trouve une girafe, un animal voisin de la girafe et l'Helladotherium. L'Afrique nourrit une seule espèce d'éléphant, tandis qu'à Pikermi, il y a deux espèces parfaitement distinctes de mastodontes, et en outre le Dinotherium. Le Machærodus est un peu plus fort que le lion; l'oryctérope, le plus grand édenté de l'Afrique, est un être chétif comparativement à l'Ancylotherium.

J'aurais pu citer bien d'autres animaux qui se trouvent fossiles en Grèce : des singes, des hyènes, des Hyænictis, des Ictitherium, des Acerotherium, des Leptodon, des Hipparion, le sanglier d'Erymanthe, des antilopes aux formes les plus variées, des oiseaux, des reptiles. Que de morts entassés dans ce ravin de Pikermi! On dirait un cimetière immense que la Providence a conservé pour révéler les secrets des générations passées.

Cependant, quelle que soit la multitude des existences qui sont venues s'enfouir là, elles ne représentent qu'une phase relativement très-courte dans l'histoire du développement de la vie. Avant les animaux qui ont paru en Grèce, combien de mammifères avaient vécu au commencement de l'époque tertiaire? Avant eux, combien de reptiles pendant l'époque secondaire? Avant les reptiles, combien de poissons pendant l'époque de transition? Avant les poissons, combien de mollusques, combien de rayonnés? En vérité, devant toutes ces grandes choses, l'homme se trouve bien petit. L'astronomie nous avait prouvé que nous ne sommes qu'un point dans l'espace, et la paléontologie nous apprend que nous ne sommes qu'un point dans le temps.

Vous l'avouerai-je, messieurs, dans mon ravin de Pikermi, ces pensées m'oppressaient quelquefois. Mais, quand, après des mois de labeurs au pied de la montagne, je rentrais dans Athènes, mes idées changeaient; et elles changeaient surtout, alors que, pour dire un dernier adieu à la Grèce, je montais à l'Acropole, cette colline où l'art humain a réuni tant de merveilles; appuyé contre une des colonnes du Parthénon, je me disais : « Qu'importe que l'homme ait un corps très-petit, puisque Dieu a doté son âme du génie; qu'importe que nous soyons nés d'hier, que le passé ait été pour les êtres sans raison, si le présent est à nous, et si l'avenir nous est réservé ! »

II.

Nous avons vu combien furent gigantesques les bêtes de Pikermi. Qu'est-il résulté de leur rencontre ? Furent-elles contraintes d'accepter cette épreuve qu'un grand naturaliste moderne a nommée concurrence vitale ? Y eut-il désordre ? Y eut-il harmonie ?

Considérons d'abord les animaux qui se nourrissent des produits de la végétation. De nos jours, les herbivores de même espèce se livrent de rudes assauts pour la possession des femelles. Ces luttes sont utiles; car ainsi ce sont les sujets les plus vigoureux qui perpétuent les races. En dehors de ces luttes d'amour, les herbivores vivent en bonne intelligence. Le rhinocéros est celui qui passe pour le plus intraitable ; pourtant il n'attaque pas les animaux sauvages; il est féroce uniquement contre l'homme et ses auxiliaires, le cheval, le chien et le bœuf; on prétend même qu'il sait distinguer le bœuf qui est domestique de celui qui ne l'est pas. Cette harmonie qui règne entre les herbivores paraît résulter en partie du soin qu'a pris l'Auteur de la nature de diversifier leur mode d'alimentation. Or, s'il est permis d'attribuer aux animaux des temps géologiques un régime de nourriture analogue à celui des espèces actuelles qu'ils rappellent par leur dentition, nous pouvons dire : il y avait autrefois en Grèce des girafes pour brouter les feuilles des grands arbres, tandis que les ruminants plus petits appelés *Palæotragus* broutaient les feuilles des arbres moins élevés ; les rhinocéros dévoraient les buissons coriaces, épineux, que certainement les autres herbivores n'étaient pas disposés à leur disputer ; les Hipparions et les antilopes paissaient l'herbe des prairies ; à côté d'eux, le sanglier d'Érymanthe fouillait le sol pour en retirer des tubercules ; les mastodontes avec leurs trompes cueillaient les fruits des arbres ; enfin, les singes appelés mésopithèques montaient sur les hautes branches pour croquer les fruits que la trompe des mastodontes ne pouvait atteindre. Ainsi, aucun trésor du règne végétal n'était perdu, et, dans cette immense réunion d'êtres divers, chacun trouvait sa pâture, sans avoir à envier le bien de la tribu voisine.

Passons aux carnivores. Ils se divisent en deux catégories. Il y en a qui se nourrissent principalement de chair morte, comme les hyènes, et d'autres qui se nourrissent de chair vivante, comme les lions.

Évidemment, ceux qui se nourrissent de chair morte rendent de grands services, car ils font disparaître les corps qui vicieraient l'air. « L'hyène, a-t-on dit, est » au lion ce que le vautour est à l'aigle ; elle nettoie » les restes de son festin. » Il y a quelques années, j'allais du Caire à Suez, alors qu'un de nos compatriotes n'avait pas encore amené dans le désert des canaux et des chemins de fer ; je rencontrai un dromadaire qu'une caravane venait d'abandonner ; le pauvre animal se mourait. Trois jours après, je repassai devant

son cadavre ; les hyènes et les vautours n'y avaient pas
laissé un seul lambeau de chair. Dans les temps anciens,
il y avait en Grèce beaucoup d'animaux de la famille
des hyènes. Grâce à ces enleveurs de cadavres, la terre
a toujours conservé son manteau exempt de souil-
lures.

Les carnivores qui se nourrissent de chair vivante
rendent aussi des services. Voici ce qu'a écrit à ce sujet
le courageux chasseur Delegorgue: «Le lion a une utilité
» incontestable ; depuis les sources du Touguéla jusqu'au
» tropique du Capricorne, pas un lion n'existe, et les
» hordes de gnous et de couaggas, qui n'y sont déjà que
» trop nombreuses, vont se multiplier dans une effrayante
» proportion. » Les gazelles que l'on appelle *euchores*, forment des troupes encore plus considérables que les
gnous et les couaggas; on prétend qu'elles composent
des bandes de plus de quarante mille individus; à l'ar-
rière-garde, il y a toujours des animaux qui, ne pouvant
se procurer de la nourriture, meurent ou sont d'une
maigreur extrême. Par conséquent, il faut que les carnivores, modèrent ce qu'il y a d'excessif dans le développement des herbivores. D'ailleurs, tous les êtres étant des-
tinés à la mort, il arrive un moment où ils sont exposés
aux maladies, aux souffrances ; alors, incapables de se
défendre ou de chercher leur salut dans la fuite, ils de-
viennent une facile proie pour les bêtes de carnage : une
prompte mort leur épargne de longues souffrances.
Jadis, il y eut des carnivores se nourrissant de chair
vivante, mais ils n'étaient pas assez nombreux pour
transformer le monde en un théâtre de lutte, de carnage universel. Du moins, en Grèce, d'après les débris
que j'ai recueillis, leur développement paraît avoir
été relativement bien moindre que celui des herbivores : car ces derniers, vous l'avez vu, étaient supérieurs à ceux qui vivent maintenant, au lieu que les

carnivores de Pikermi, sauf le Machærodus, n'étaient pas plus puissants que les carnivores actuels. Il est même permis de supposer que le Machærodus ne troublait pas la tranquillité des principaux herbivores, attendu que tous les voyageurs s'accordent à dire que le lion n'attaque jamais les éléphants adultes.

A ce sujet, messieurs, permettez-moi de vous faire une remarque : on appelle le lion le roi des animaux, mais c'est un singulier monarque, celui qui est fui de tous ses sujets, et ne les voit que pour les dévorer. J'aimerais mieux dire que le roi des animaux actuels, c'est celui dont Livingstone a écrit ces mots : « Toute créature vivante, excepté l'homme, s'efface devant le noble éléphant. » A plus forte raison, il faudrait donner le titre de roi des animaux géologiques, non pas au féroce Machærodus, mais au Dinotherium, souverain à la fois puissant et pacifique. Vous le représentez-vous, ce monarque des vieux âges, comme il devait être beau à voir, quand il s'avançait escorté des grands de sa cour, les mastodontes, les Helladotherium, les Ancylotherium. C'était vraiment la personnification de la nature calme et majestueuse des âges passés.

III.

Nous avons considéré en eux-mêmes les animaux de Pikermi ; il nous reste à étudier leurs rapports avec les autres animaux. Les espèces fossiles doivent-elles être regardées comme des groupes jetés isolément sur la terre, ou bien s'enchaînent-elles avec celles qui les ont précédées et celles qui les ont suivies ? Cette question est une de celles qui préoccupent davantage les naturaliste et les philosophes.

Pour fonder la paléontologie, c'est-à-dire pour prouver qu'il y a eu des êtres primitifs distincts des êtres actuels, il a fallu faire ressortir leurs différences : ceci a été la principale gloire de Cuvier. Ensuite, pour montrer que les fossiles ont appartenu à plusieurs époques géologiques, dans chacune desquelles ils ont présenté une physionomie particulière, il a fallu encore insister sur leurs caractères distinctifs. Ainsi, à l'origine, les meilleurs naturalistes furent entraînés à considérer les lacunes qui séparent plutôt que les traits qui unissent. Analystes d'un talent incomparable, ils ont promptement révélé tout un monde de merveilles, mais de merveilles isolées.

Cependant, grâce aux matériaux qu'ils ont accumulés, et ceux qu'apportent chaque jour les paléontologues, on commence à entrevoir qu'un plan a dominé l'histoire de la vie. Il y a, dans la nature, quelque chose eut-être de plus magnifique que la diversité apparente des formes, c'est l'unité qui les relie. La découverte de chaque gisement nouveau révèle des intermédiaires qui établissent des liens entre des animaux jugés autrefois très-distincts. Pikermi notamment a fourni un grand nombre d'exemples de formes intermédiaires; je vais en citer quelques-uns :

Du temps de Cuvier, on ne connaissait pas de singes fossiles ; par conséquent, on n'avait pas lieu de supposer que les singes actuels eurent des liens avec le monde primitif. Mais depuis, on en a découvert quatorze espèces. Elles sont représentées par des pièces incomplètes. Le singe de Grèce, au contraire, est très-bien connu aujourd'hui. J'en ai trouvé vingt-deux crânes, et j'ai aussi des os de toutes les parties du corps, de telle sorte qu'on a pu reconstruire le squelette que vous voyez (fig. 18). Or, cette restauration est très-intéressante, parce qu'elle nous montre une forme intermédiaire entre les animaux vivants appelés macaques et ceux qu'on nomme semnopithèques. On dirait que les semnopithèques ont emprunté au singe de Grèce son crâne, et que les macaques lui ont emprunté ses membres.

Un rhinocéros de Pikermi donne lieu à des observations analogues : l'Afrique nourrit actuellement deux

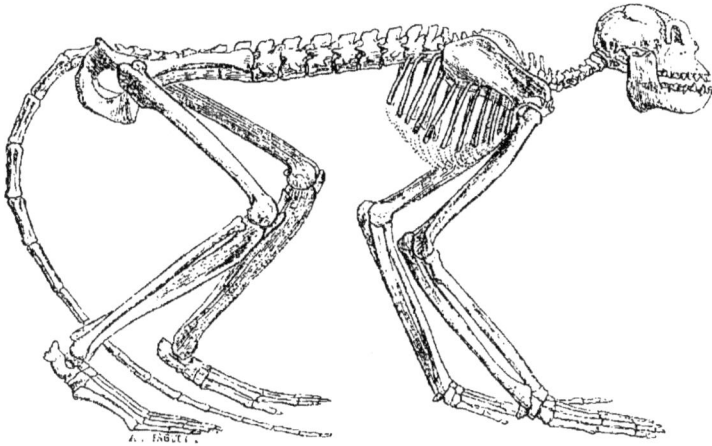

Fig. 18.

espèces de rhinocéros, l'un qu'on nomme le rhinocéros camus, et l'autre, le rhinocéros bicorne. Le fossile dont je parle en ce moment est intermédiaire entre ces deux espèces ; il a le crâne du bicorne et les membres du camus. J'indiquerai encore : un carnassier qui est un peu ours, un peu chien et même un peu chat; des civettes qui ont certains caractères des hyènes, et réciproquement des hyènes qui reproduisent certains caractères des civettes, de telle sorte que les deux familles se trouvent maintenant alliées de bien près. On voit aussi une hyène proprement dite, et celle-là est intermédiaire entre deux espèces qui vivent maintenant, ayant la mâchoire inférieure de l'une, et à peu de chose près la mâchoire supérieure de l'autre.

J'ai dit que les mastodontes présentaient des différences avec les éléphants pour la forme des molaires. Ceci est vrai, si l'on considère les espèces types; mais on dé-

2

couvre tous les jours de nouvelles espèces de mastodontes et d'éléphants fossiles ; lorsqu'elles sont mises
à côté les unes des autres, elles se lient insensible-
ment.

Les Hipparion sont très-instructifs au point de vue des
formes intermédiaires. Ils ont été les prédécesseurs de
nos chevaux ; ces derniers ont un seul doigt à chaque
pied ; c'est pour cela qu'on les a classés dans un ordre à
part sous le nom de solipèdes. Ils ont, de chaque côté de
la pièce principale du pied appelée le *canon*, un os
en forme de stylet, dont nous ne comprenons pas
bien la destination. Dans l'Hipparion, cet os s'al-
longe et porte un petit doigt latéral, de telle sorte
que le pied est absolument semblable à celui de certains
animaux de l'ordre des pachydermes; il en résulte qu'il
faut rattacher à cet ordre celui des solipèdes. Mais, ce
qui est plus curieux, c'est que, dans la nature actuelle,
on voit quelquefois se développer accidentellement chez
les chevaux des doigts semblables à ceux de l'Hipparion ; on dirait un éphémère retour vers le caractère
d'un ancêtre.

J'ai dressé des tableaux dans lesquels j'ai disposé un
assez grand nombre d'animaux fossiles suivant l'époque à
laquelle ils ont fait leur apparition sur la terre. Dans le
bas, j'ai rangé les espèces les plus anciennes; au-dessus
de celles-ci, j'ai mis celles de la seconde époque ;
plus haut, celles de la troisième époque ; plus haut encore, celles de la quatrième, et ainsi de suite. J'ai joint
par des traits les espèces qui se ressemblent davantage.
Ces tableaux font ressortir les modifications lentes qui se
sont produites chez les animaux, à mesure que se dérou-
laient les temps géologiques. J'en citerai un exemple :

Rien ne se ressemble moins, en apparence, qu'un animal dont le nez est surmonté d'une corne et celui qui est
muni d'une trompe : car, chez le premier, il faut que les

os du nez se développent assez pour supporter la corne ;
au contraire, chez le second, les os du nez doivent se ra-

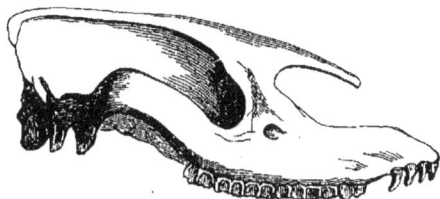

Fig. 19.

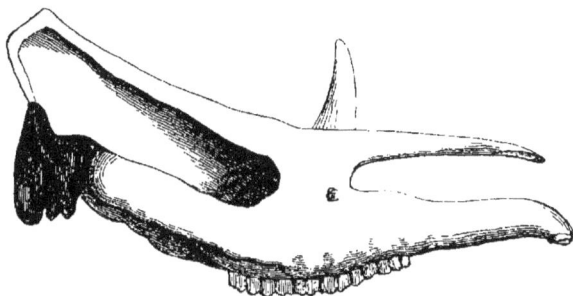

Fig. 20.

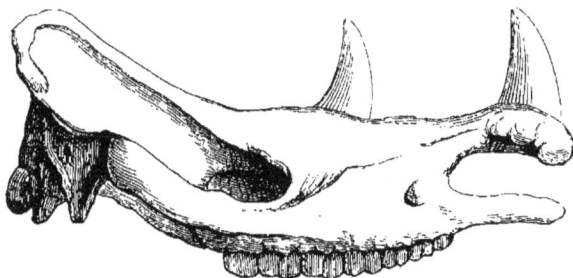

Fig. 21.

petisser pour laisser passer la trompe. Or, voici le crâne
du Palæotherium (fig. 19), un des quadrupèdes dont la

restauration a été due au génie de Cuvier ; vous voyez
que les os du nez sont très-petits ; ils le sont tellement,
qu'à leur seule inspection, Cuvier a supposé l'existence

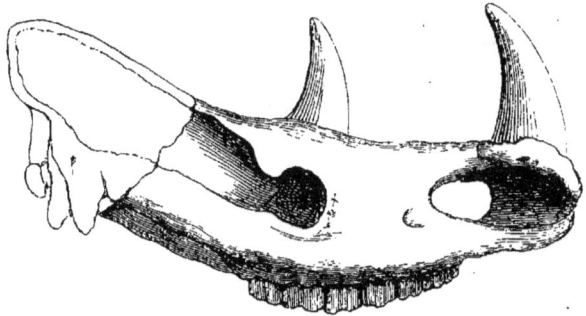

Fig. 22.

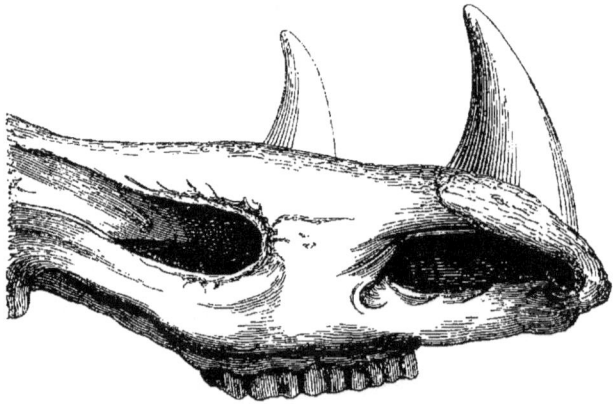

Fig. 23.

d'une trompe analogue à celle du tapir. Passons à l'Acerotherium (fig. 20), genre d'une origine un peu plus ré-
cente que le Palæotherium ; les os du nez se sont assez
allongés pour qu'il n'y ait plus de place pour une
trompe, mais pas assez pour qu'ils aient pu soutenir une

corne (1). Continuons à descendre le cours des siècles géologiques; nous rencontrons un des rhinocéros dont les restes sont enfouis à Pikermi; chez cette espèce, les os du nez se sont épaissis de manière à supporter une corne (fig. 21). Avançons toujours dans la série des âges; voici un rhinocéros (fig. 22), où les os du nez sont non-seulement épaissis, mais sont fortifiés par une demi-cloison qui s'est étendue au-dessous d'eux. Enfin, arrivons à l'époque quaternaire : nous contemplons (fig. 23) le rhinocéros appelé *rhinocéros à narines cloisonnées*, qui fut contemporain de nos premiers aïeux, et peut-être fut acteur dans ce drame sublime où l'homme, faible, nu, avec un simple caillou dans la main, affronta et vainquit les monstres des temps géologiques. Eh bien! il n'a pas seulement une demi-cloison ; il a une cloison entière, de sorte que sa corne reposait sur une base d'une solidité à toute épreuve.

J'ai cité des exemples de formes intermédiaires chez les animaux supérieurs ; si nous avions le loisir d'examiner les autres classes des règnes organiques, nous y découvririons de même des formes intermédiaires. Nous entendrions M. Richard Owen, après d'immenses travaux sur les reptiles fossiles, laisser tomber ces paroles : « Les reptiles fossiles montrent com- » bien est artificielle la distinction entre les reptiles et » les poissons ; ils révèlent l'unité des vertébrés à sang » froid. » Avec Heckel, nous verrions la colonne vertébrale des poissons se transformer peu à peu, depuis les anciennes périodes jusqu'à l'époque tertiaire, et, après lui, nous répéterions : « Les poissons des temps géologi- » ques ont parcouru en des milliers d'années des phases » semblables à celles du développement embryonnaire » des poissons qui vivent actuellement. »

(1) Il y avait peut-être une corne sur le front.

Si nous descendions aux animaux très-inférieurs; les intermédiaires ne seraient pas moins nombreux. Ils seraient frappants surtout quand nous arriverions aux derniers degrés de l'échelle animale. Un observateur accompli, M. Carpenter, nous dirait, à propos des êtres microscopiques appelés foraminifères : « Quand même » vous reculeriez les limites des espèces, jusqu'à y com- » prendre ce qu'ailleurs on nomme genre, ces espèces » seraient liées par des passages tellement gradués que » vous ne sauriez tracer les lignes de démarcation. »

Enfin, s'il y a des transitions entre les formes animales, je pense qu'il y en a aussi parmi les formes végétales ; car M. Heer, dans son grand ouvrage sur les plantes fossiles, s'exprime ainsi : « Un grand nombre de ces plantes » ont des ressemblances si frappantes avec les plantes ac- » tuelles, qu'on peut se demander si elles n'en sont pas » les aïeules. »

Je ne prolongerai pas ces remarques sur les formes intermédiaires; voyons quelles conclusions on en peut tirer.

D'abord, il y a une conclusion pratique, et cette conclusion, c'est qu'il faut renoncer à la croyance flatteuse que nous sommes capables de déterminer un animal fossile dont nous possédons seulement des os isolés. Supposons, en effet, ce carnassier qui est un peu chien et un peu ours; si nous en trouvons certaines dents, nous penserons que c'est un chien, nous nous tromperons ; si nous découvrons d'autres parties, nous croirons que c'est un ursidé, et nous nous tromperons encore. Il est difficile de déterminer un vertébré fossile, non-seulement avec des dents isolées, mais avec des pièces beaucoup plus complètes, par exemple avec un crâne tout entier. Lorsque nous n'avons connu que le crâne du singe de Grèce, nous avons pris cet animal pour un semnopithèque : c'était une erreur. Si au lieu de son crâne, nous n'avions rencontré que les os de ses membres, nous aurions dit que c'était

un macaque ; nous aurions commis une égale erreur.
Le Dinotherium fournit une preuve puissante à l'appui de notre opinion : quand on n'a eu que son crâne (ce crâne était admirablement conservé), d'illustres naturalistes ont écrit que c'était une bête aquatique voisine des lamantins, et maintenant que nous possédons plusieurs os de son squelette, nous croyons que c'était un animal terrestre, ayant des rapports avec les proboscidiens.

Pour les conclusions philosophiques à tirer de l'étude des formes intermédiaires, je dois mettre une extrême prudence ; il ne s'agit pas ici de poser des affirmations, je ne peux que manifester des tendances ; car je raisonne seulement sur des parties incomplètes, sur des ossements ; je ne connais pas les parties molles des animaux. Et puis, il ne faut pas l'oublier, notre science est à son berceau ; paléontologues d'un jour, nous balbutions à peine quelques mots de l'histoire du monde.

Ces réserves faites, je dirai : l'étude des formes intermédiaires entraîne naturellement à supposer qu'un grand nombre d'êtres, regardés autrefois comme ayant eu des origines distinctes, sont descendus les uns des autres, et que Dieu leur a fait subir peu à peu des transformations pendant le cours des âges géologiques.

Dans quelles limites ces transformations ont-elles eu lieu ? car à côté des espèces qui se lient, il y a encore de très-larges lacunes. Je ne saurais répondre à cette question, sans sortir du domaine des faits positifs : là où je vois des espèces qui s'enchaînent, je suppose qu'elles sont descendues les unes des autres ; là où je rencontre des lacunes, je me tais, j'attends. Mais je ne peux m'empêcher de croire que ces lacunes diminueront rapidement, puisque chaque découverte a pour résultat d'en combler quelques-unes.

J'essayerai encore moins d'indiquer comment les

transformations ont été produites; car je crains de me laisser entraîner dans le champ si mouvant des hypothèses. Quand l'illustre naturaliste Darwin a prétendu qu'un grand nombre d'espèces s'étaient transformées, il a satisfait aux aspirations de beaucoup de paléontologues; lorsqu'il a cherché à expliquer comment les modifications avaient eu lieu, il a rencontré les objections d'hommes très-versés dans l'étude de la nature.

Messieurs, quelle que soit la manière dont les transformations ont été opérées, ce qui me semble incontestable, c'est que nulle d'entre elles n'a été le résultat du hasard. Si nous parvenons, par suite des progrès de la paléontologie, à reconnaître que les êtres organisés sont descendus les uns des autres, ceci nous les fera considérer comme des substances plastiques qu'un artiste s'est plu à pétrir pendant le cours des âges géologiques, ici allongeant, là retranchant, ainsi que le statuaire produit mille formes avec le même morceau d'argile. Mais, nous n'en douterons pas, celui qui pétrissait était le Créateur lui-même, car chaque transformation a porté un reflet de sa beauté infinie.

Paris. — Imprimerie de E. MARTINET, rue Mignon, 2

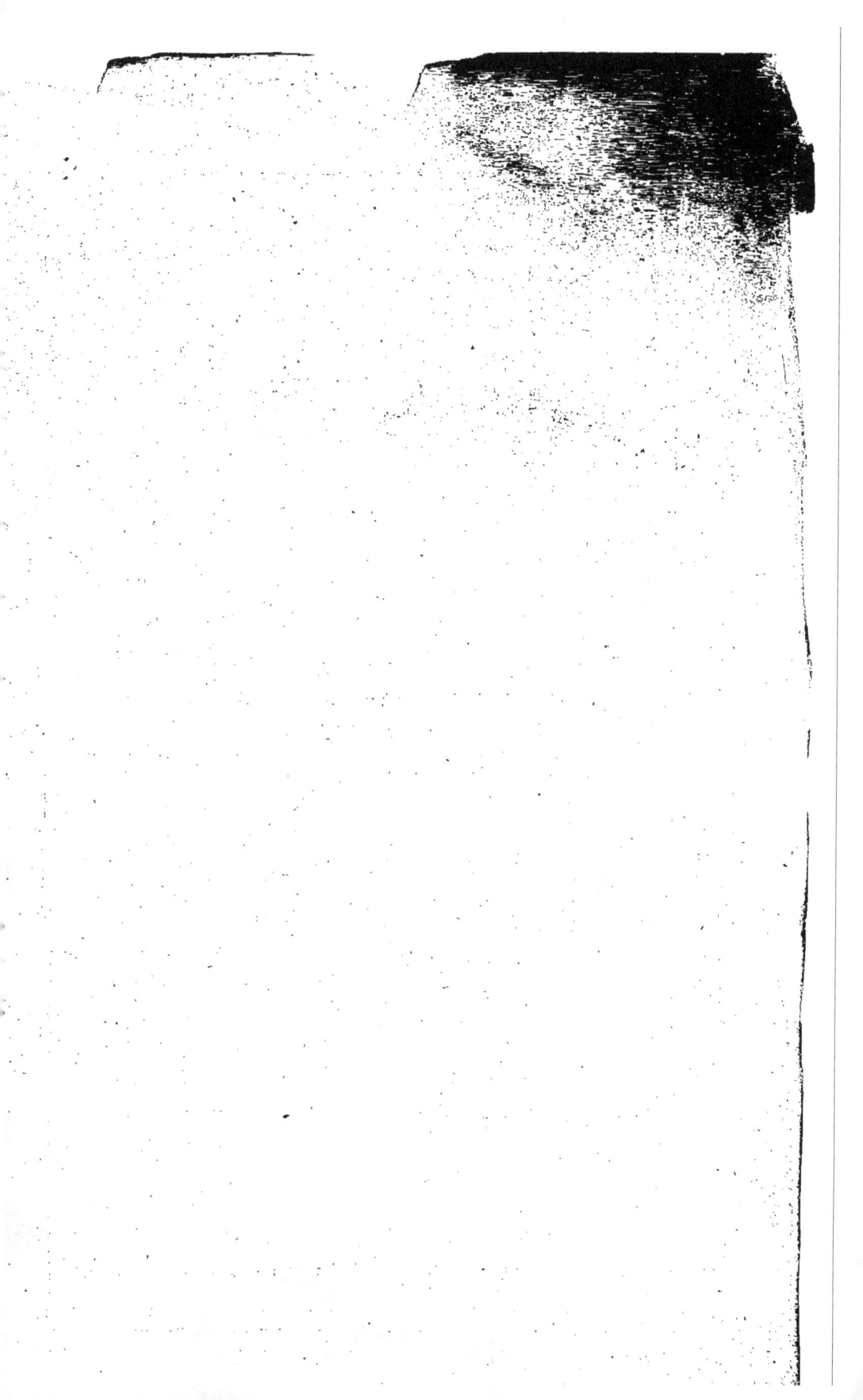

BIBLIOTHÈQUE NATIONALE DE FRANCE

3 7531 04114077 4

www.ingramcontent.com/pod-product-compliance
Lightning Source LLC
Chambersburg PA
CBHW060515200326
41520CB00017B/5050

* 9 7 8 2 0 1 9 5 7 3 6 0 7 *